目 录

阅读
指导

　　全书共两部，上部是《本能的奇迹》，下部是《童年的回忆》，建议用五周时间完成整本书的阅读，时间可大致安排如下：前四周完成全书通读，第五周进行探究性精读。

前四周　通读全书	
第一周	阅读上部第 1 到 5 章
第二周	阅读上部第 6 到 10 章
第三周	阅读下部第 1 到 5 章
第四周	阅读下部第 6 到 10 章

　　通读时，建议完成以下三件事：

　　1. 做好圈点勾画和旁批。在文章的疑问处、精彩处，及时记录下自己的阅读感受。

　　2. 及时感受思索。每读完一章，及时回顾这一章所介绍昆虫的外形特点、生活习性等。

　　3. 摘抄箴言警句。摘抄触动你的句子到读书笔记本上。

　　第五周，根据自己之前的阅读经验，围绕自己感兴趣的专题，选择部分章节进行探究性精读。

第五周　探究性精读任务		
	探究主题	阅读任务
1	研究几种昆虫的生活习性	选择感兴趣的篇章进行精读，并选择两三个主题进行归纳概括。试着写一写，展示你的理解和看法。
2	探究《昆虫记》的语言特色	
3	探究《昆虫记》被称为"昆虫的史诗"的原因	
4	探究《昆虫记》的科学性	
5	探究《昆虫记》的文学性	

知识点梳理

▶ 作者介绍

　　法布尔（1823—1915），法国昆虫学家、动物行为学家、文学家，被称为"昆虫界的荷马""昆虫界的维吉尔"。1823 年，法布尔生于法国南部一户农家，童年在乡间与花草虫鸟一起度过。由于贫穷，他连中学也无法正常读完，但他坚持自学，先后取得了业士学位、数学学士学位、自然科学学士学位和自然科学博士学位。1857 年，他发表了处女作《节腹泥蜂习性观察记》，这篇论文修正了当时的昆虫学祖师列翁·杜福尔的错误观点。因此，法布尔赢得了法兰西研究院的赞誉，被授予实验生理学奖。达尔文也给了法布尔很高的赞誉，在《物种起源》中称他为"无与伦比的观察家"。1879 年，《昆虫记》第一卷问世。1880 年，法布尔终于有了一间实验室，一块荒芜不毛但却是矢车菊和膜翅目昆虫钟爱的土地，他风趣地称之为"荒石园"。在之后的 35 年中，法布尔就蛰居在荒石园，一边进行观察和实验，一边整理前半生研究的关于昆虫的观察笔记、实验记录、科学札记等资料，完成了《昆虫记》的后九卷。1915 年，92 岁的法布尔在他钟爱的昆虫陪伴下，静静地长眠于荒石园。

▶ 内容提要

　　《昆虫记》是法国昆虫学家、文学家法布尔创作的长篇生物学著作，共十卷。它不仅是一部文学巨著，也是一部科学百科，被誉为"昆虫的史诗"。

《昆虫记》一书描述了各种小小的昆虫恪守自然法则，为了生存和繁衍进行的不懈努力。在书中，法布尔依据其毕生从事昆虫研究的经历和成果，以人性观照虫性，用通俗易懂、生动有趣的散文式笔调，深入浅出地介绍了他所观察和研究的昆虫的外部形态、生物习性，真实地记录了常见昆虫的本能、习性、劳动、死亡等内容，既表达了作者对生命和自然的热爱和尊重，又传播了科学知识，体现了作者细致入微、孜孜不倦的科学探索精神。

▶ 常考的昆虫介绍 ∷

1. 为自己歌唱——蝉

蝉有着非常清晰的视觉。它有五只眼睛，会告诉它左右以及上方有什么事情发生，只要看到有谁跑来，它会立刻停止歌唱，悄然飞去。然而喧哗却不足以惊扰它。你尽管站在它的背后讲话，吹哨子、拍手、撞石子。就是比这种声音更轻微，要是一只雀儿，虽然没有看见你，应当早已惊慌地飞走了。这镇静的蝉却仍然继续发声，好像没事儿人一样。

蝉每三到四年繁殖一次；附在树干上，吸取树的汁液；天气炎热时，发出鸣叫声；在地下四年，钻出地面后，在阳光下歌唱五个星期左右。

2. 美丽的杀手——螳螂

螳螂外表纤细而优雅，体色淡绿，薄翼修长……颈部柔软，头可以转动，左右旋转，俯仰自如……它的种种祈祷似的神态掩藏着许多的残忍习性，那两只祈求的臂膀是可怕的劫掠工具。

3. 田园中的提琴家——蟋蟀

蟋蟀有以下性格特点：①不诉苦、不悲观，是积极向上的乐观派。它对于自己拥有的房屋，以及它的那把简单的小提琴，都相当满意和欣慰。②善于唱歌。从七月一直到十月，它们日落时分开始歌唱，一直唱到大半夜。③聪明。例如，把住宅建在隐秘的地方。④勤劳。善于建造巢穴，管理家务。⑤能根据情况的变化而变化。例如，它的洞随天气的变冷和身体的长大而加大加深。

4. 粪球引出的故事——蜣螂

西班牙蜣螂身子矮胖，缩成一团，又圆又厚，行动迟缓。它的爪子极短，稍有一点动静，爪子就缩回肚腹下面。在它扁平的头的前边，长着六颗牙齿，它们排列成半圆形，像一种弯形的钉耙，用来掘割东西。

5. 星光灿烂——萤火虫

萤火虫的肚子顶端会发出微弱的光亮，就好像是挂了一盏小灯。在宁静的夏夜，你经常会看到它们在草丛中游荡。萤火虫长着三对短短的腿，它们利用这三对小短腿迈着碎步跑动。雄性萤火虫到了成虫时期，会长出鞘翅，就像其他甲虫一样。而雌虫则永远都保持着幼虫阶段的形态，无法享受飞翔的快乐。萤火虫有着色彩斑斓的外衣。它的身体呈棕栗色，胸部是柔和的粉红色，边缘则点缀着一些鲜艳的棕红色小斑点。

萤火虫开始捉食它的俘虏以前，总是先要给它打一针麻醉药，使这个小猎物失去知觉，从而也就失去了防卫抵抗的能力，以便它捕捉并食用。

6. 大自然的舞姬——大孔雀蝶

大孔雀蝶全身披着红棕色的绒毛，脖子上有一个白色的领结，翅膀上洒着灰色和褐色的小点儿。中央有一个大眼睛，有黑得发亮的瞳孔和许多色彩镶成的眼帘。

大孔雀蝶有着无畏和执着的性格特点。比如，它一生中唯一的目的就是寻找配偶，为了这一目标，它们继承了一种很特别的天赋：不管路途多么远，路上怎样黑暗，途中有多少障碍，它总能找到它的配偶。在它们的一生中，大概有两三个晚上每晚花费几个小时去寻找配偶。如果在这期间找不到，它的一生也将结束了。

7. 其他昆虫

（1）切叶蜂：能够不凭借任何工具，"剪"下精确的圆叶片来做巢穴的盖子。

（2）蜘蛛：在捕获食物、编制"罗网"方面独具才能。

（3）杨柳天牛：像个吝啬鬼，身穿一件似乎"缺了布料"的短身燕尾礼服。

（4）小甲虫：为它的后代做出无私的奉献，为儿女操碎了心。

（5）朗格多克蝎子：拥有极具杀伤力的毒液。

▶ 艺术特色

《昆虫记》是优秀的科普作品，也是公认的文学经典。

1. 科普作品：作者根据观察得来的大量第一手资料，将昆虫鲜为人知的生活和习性生动地揭示出来，使人们得以了解昆虫的真实生活背景。例如，《蝉》写了蝉在地下"潜伏"四年，才能在阳光下歌唱五个星期，然后就死亡。

2. 文学经典：全文生动活泼，语调轻松诙谐，充满了盎然的情趣。例如杨柳天牛像个吝啬鬼，身穿一件似乎"缺了布料"的短身燕尾礼服；小甲虫"为它的后代做出无私的奉献，为儿女操碎了心"；被毒蜘蛛咬伤的小麻雀会"愉快地进食，如果我们喂食动作慢了，它甚至会像婴儿般哭闹"。

巩固
练习

一轮 基础巩固

一、填空题

1. 根据相关内容填空。

《昆虫记》是一部引人入胜的书，是_____国昆虫学家_____花了足足三十年的时间写就的十卷本科普巨著。书中，作者将观察获得的第一手材料，将昆虫鲜为人知的生活习性生动地描写出来，如_____在地下"潜伏"四年才钻出地面，却只能在阳光下活五个星期；_____善于利用"心理战术"制服敌人；_____能够不凭借任何工具，精确地"剪"下大小适当的圆叶片做巢穴的盖子。

2. 下面是小光在互联网上分享的"读书笔记"，请你将语段中画横线处空缺的昆虫名补充完整。

《昆虫记》是优秀的科普著作，也是公认的文学经典。鲁迅把它奉为"讲昆虫生活的楷模"。在作者笔下，杨柳天牛像个吝啬鬼，身穿一件似乎"缺了布料"的短身燕尾礼服；_____"为它的后代做出无私的奉献，为儿女操碎了心"；而被毒蜘蛛咬伤的_____会"愉快地进食，如果我们喂食的动作慢了，它甚至会像婴儿般哭闹"。

3. 鲁迅把《昆虫记》奉为"讲昆虫生活的楷模"。在作者笔下，每一种昆虫都有专长。请给下列昆虫选择相应的称呼。

(1) 舍腰蜂：____ (2) 黄蜂：____ (3) 泥蜂：____

A. 麻醉师 B. 劳动模范 C. 建筑天才

4. 法布尔在《昆虫记》中对上千种昆虫进行了细致入微的观察，并详细、深刻地描写昆虫的本能习性。比如，大孔雀蝶是一种很漂亮的蝶，最大的来自欧洲，全身披着红棕色的绒毛，靠吃_____为生；人们说螃蟹是横着走路的，还有一种昆虫也是，那就是_____；而蜜蜂被称为"_____"。

5. 实验证明：_____能直接辨认回家的方向，而_____能凭着对沿途景物的记忆找到回家的路。

6. 《昆虫记》向读者呈现了一个有趣的昆虫世界，书中所写的昆虫们如小说中的人物一样鲜活。请将下列选项填入对应的横线处。

A. 蝉　　　　　　B. 螳螂　　　　　　C. 大孔雀蝶　　　D. 蟋蟀

① "结婚狂"：_____
② "繁衍迅速的音乐家"：_____
③ "地下潜伏者"：_____
④ "善打心理战的高手"：_____

7. 法布尔的《昆虫记》被誉为"昆虫的史诗"。它行文活泼，语言诙谐，还常常以人的手法表现昆虫世界，读来情趣盎然。_____评价《昆虫记》是一部很有趣，也很有益的书；难怪_____国作家_____把法布尔称为"掌握田野无数小虫子秘密的语言大师"。

二、选择题

1. 下面对相关名著的解说不正确的一项是（　　　）

A. 对人间自由幸福的渴念和对更高精神境界的追求，是《简·爱》中女主人公简·爱的两个基本动机。

B. 《昆虫记》中写到古埃及人民认为螳螂具有建筑学知识，把它称为"神圣的甲虫"，但作者称它为"饿虎"。

C. 《钢铁是怎样炼成的》一书中，在朱赫来的启发和教育下，保尔懂得了许多关于革命工人阶级和阶级斗争的道理。朱赫来是保尔走上革命道路的最初领导人。

D. 《琐记》《藤野先生》《范爱农》三篇作品记述了作者离开家乡分别到南京、日本求学再回国后的一段经历。

2. 下列关于名著的说法，正确的一项是（　　　）

A. 《昆虫记》是法国昆虫学家法布尔创作的长篇生物学著作，记录了昆虫真实的生活，往往在一个章节中介绍两种不同类的昆虫以对比分析。

B.《昆虫记》中杨柳天牛身穿一件似乎"缺了布料"的短身燕尾服，天生是个吝啬鬼；萤火虫身后的那条黑色的细线，其实是它刚刚狼吞虎咽下的美餐。

C.《经典常谈》展示了我国古代思想文化的基本面貌，内容颇具高度和深度，白话文内容较少。

D.《论语》这部语录文集不但显示了孔子伟大的人格，而且让读者学习到许多做人做学问的道理，其中"君子""时习""择善"等，都是可以让读者终身受用的。

3. 下列关于文学作品的表述，不正确的一项是（　　　）

A.《格列佛游记》中飞岛国的人很注重科学研究。他们设计从黄瓜里提取出阳光，用实验法把粪便还原为食物，用猪耕地，利用蜘蛛结网，用风箱打气治病——他们是一群空想、不尊重科学规律的"万能学者"。

B. 蟠桃会上，孙悟空喝光宴会用的仙酒，吃尽太上老君的金丹。太上老君大怒，随即和哪吒太子带十万天兵去花果山捉拿悟空，被悟空打败。

C.《昆虫记》是一部既有趣又有益的书。在作者笔下，杨柳天牛像个吝啬鬼，身穿一件似乎"缺了布料"的短身燕尾礼服：被毒蜘蛛咬伤的小麻雀，也会愉快地进食，如果我们喂食动作慢了，它甚至会像婴儿般哭闹。

D.《童年》的整体基调虽然严肃、低沉，但小说以一个小孩的眼光来描述，给一幕幕悲剧场景蒙上了一层天真烂漫的色彩，读来令人悲哀但又不过于沉重，使人在黑暗中看到光明，在邪恶中看到善良，在冷酷无情中看到人性的光芒，在悲剧的氛围中感受到人们战胜悲剧命运的巨大力量。

4. 下列关于《昆虫记》的表述，错误的一项是（　　　）

A.《昆虫记》是法国昆虫学家法布尔花了三十年时间写就的十卷本科普巨著。

B. 法布尔用野外观察和实验的方法来研究昆虫，他笔下的昆虫充满生命的活力。

C. 法布尔用文学语言展现昆虫世界的主要目的就是让读者得到美的享受和熏陶。

D.《昆虫记》的魅力还源于高超的写作技巧，它行文活泼，语言诙谐，情趣盎然。

5. 下面是一位同学读完《昆虫记》后写给法布尔笔下昆虫的小诗，请根据你的阅读体验，匹配恰当的选项。（　　）

①蚂蚁　　　　②萤火虫　　　　③圣甲虫　　　　④螳螂

a. 身后那条黑色的细线，其实是我刚刚狼吞虎咽下的美餐。

b. 为什么与自己的姐妹同类相残？为什么当妈妈前性情大变？

c. 前人的寓言迷惑了我的眼，你真实的身份原来是疯狂抢劫犯。

d. 早知你要将我吮吸进肚中，只剩下一个完整的空壳，我就该拒绝你带着麻醉的亲吻。

A. ①—a、②—b、③—c，④—d　B. ①—c、②—d、③—a、④—b
C. ①—b、②—c、③—a、④—d　D. ①—c、②—a、③—b、④—d

6.《昆虫记》文字清新、自然有趣，语调轻松诙谐。下面是同学们对《昆虫记》的读后感，其中表述不正确的一项是（　　）

A.《昆虫记》是法国昆虫学家法布尔花了足足三十年时间写就的十二卷本文学巨著，被誉为"昆虫的史诗"。

B.《昆虫记》行文活泼，情趣盎然。作者法布尔也被罗曼·罗兰称为"掌握田野无数小虫子秘密的语言大师"。

C. 在《昆虫记》中，我们看到的不仅仅是昆虫的大千世界，还有法布尔"追求真理""探索真理"的精神。

D. 法布尔把毕生从事昆虫研究的成果和经历用散文的形式记录下来，以人文精神统领自然科学的庞杂实据，虫性人性交融，使昆虫世界成为人类获得知识、趣味、美感和思想的文学形态。

7. 下列选项中，表述不恰当的两项是（　　　　）

A. 孙悟空扇火不熄，方知借得的是罗刹女的假扇。于是，寻得牛魔王，偷走其坐骑金睛兽，变成牛魔王到芭蕉洞，骗得真扇，扇灭山火，师徒翻越了火焰山。

B.《藤野先生》一文中，充满"温馨的回忆和理性的批判"。藤野先生帮助鲁迅修改讲义等，让鲁迅感受到一位学者认真求实、治学严谨的精神；"看电影"事件让鲁迅内心深受创伤，最终决定"弃医从文"。

C.《红星照耀中国》的出版，让世界第一次看到了中国共产党、中国红军和革命根据地的真实面貌。这是一部纪实性很强的作品。

D. 法国著名科学家法布尔穷毕生之力深入昆虫世界，对昆虫进行观察与实验，真实地记录了昆虫的本能与习性，著成了《昆虫记》这部昆虫学巨著，被誉为"昆虫之父"。

E. 1978年艾青重返诗坛，久被压抑的情感澎湃高涨，开始了诗歌创作的另一个高峰。归来后他的诗风发生了很大变化，这一时期的代表作有《鱼化石》《礁石》《光的赞歌》等。

三、综合性学习

1. 2023年是法布尔先生两百周年诞辰，某出版社打算重新编订出版《昆虫记》一书，用作献给法布尔先生的两百周年诞辰礼，请你一起参与本次图书再版策划活动。

（1）出版社决定为读者推荐《昆虫记》这样的好书，请根据你的阅读经验，为出版社说明推荐理由。（不少于30字）

《昆虫记》推荐理由：_____

（2）为了更好地呈现书中记录的昆虫们，出版社打算从书中选择部分有趣可爱的昆虫，拟做一份昆虫手册。请结合你的阅读经验，选择你认为可以入选的昆虫们，并写出它们的特点。

昆虫小记

入选昆虫名：_____

昆虫的特点：_____

2. 班级开展主题为"《昆虫记》读后记"的综合性学习活动，请你参与。

（1）《昆虫记》是_____国杰出昆虫学家_____的传世佳作，无愧于"_____"之美誉。

（2）结合《昆虫记》相关内容，在横线上填写对应的昆虫名称。

A. 体态淡绿，薄翼修长，前爪是"杀人机器"；雌性在交配后会把雄性吃掉。_____

B. 两片鞘翅由宽大的半透明干膜构成，通过相互摩擦产生震颤，从而发出声音。_____

（3）假如你要向朋友推荐《昆虫记》，请说说推荐理由。

_____

_____

3. 阅读下面材料，完成各题。

为了迎接全国科普日，××中学联合中国科学院上海昆虫博物馆开展了"小昆虫，大世界"的科普周活动。小张刚读完法布尔《昆虫记》，对多彩的昆虫世界深感兴趣。

(1) 以下是"小记者团"的通讯报道，排序正确的一项是（　　）

①包括世界名蝶展、铁甲雄风展，科普报告"飞天刀螂""虫鸣私语"，昆虫知识竞答、蝴蝶贺卡 DIY 体验活动等。

②希望同学们能认识更多昆虫，了解它们并开始喜欢它们、爱护它们。

③在主题展览中，我们将见到 200 余种精美的蝴蝶标本和精美甲虫标本，其中不乏金斑喙凤蝶、中华虎凤蝶、长戟大兜虫等精品。

④从而更加关心爱护我们生活的自然环境，保护我们美丽的地球之家。

⑤本次科普周，中国科学院上海昆虫博物馆为学校提供了丰富的主题展览和科普讲座等活动。

A. ①②④⑤③　　B. ①③②④⑤　　C. ⑤②④③①　　D. ⑤①③②④

(2) 小张打算在科普周活动中介绍《昆虫记》，包含四个环节：

A. 法布尔及《昆虫记》简介　　　B. 生动有趣的"昆虫档案"

C.《昆虫记》蕴含的科学精神　　　D.《昆虫记》洋溢的生命赞美

他设计了一张流程图，来展示法布尔探究昆虫"假死"现象的实验过程，你认为这张图应该放入上面哪个环节？请陈述理由。

流程图

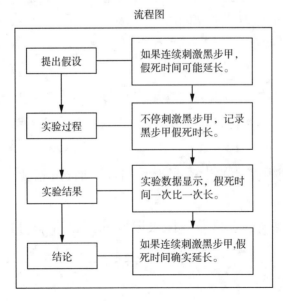

应该放入_____环节（填字母），理由是_____。

（3）法布尔在《昆虫记》中写道："再看更远的未来，一切迹象似乎都表明，随着自身的日益进步，将来终有一天，人类会灭亡，为过度的所谓'文明'所扼杀。"结合这句话和你阅读《昆虫记》的体会，谈谈本次科普周主题"小昆虫，大世界"的意义（80字左右）。

_____

_____

_____

四、现代文阅读

（一）阅读下面材料，完成题目。

【材料一】

①我在被劈成两半的橡木上挖出大小适中的坑，在每个坑里放进一只刚刚化蛹的骑士鬣天牛，这是我十月份在劈柴火的时候发现的。我把两半木头合起来，用铁丝固定。【A】七月来临，我听到木头中传出抓挠的声音。这些天牛究竟能不能出来呢？这项工作在我看来并不困难，只要在木头里钻一个两厘米长的通道就够了。然而，没有一只天牛能够逃出来。木头里安静下来后，我把它打开——俘虏们都死光了。它们面前只有一小撮木屑，还没一口烟的烟灰那么多，那就是它们所有努力的成果。

②【B】我用其他的天牛做了一些难度较小的实验。我把它们放进芦苇杆的末端，芦苇和它们原来的通道一样宽。天牛只需要钻透一层天然的膜，它没有那么硬，厚度也只有三四毫米。几只天牛成功逃了出来，其他的却失败了。那些不够勇武的天牛被这层障碍拦住了去路，困在芦苇里，死了。如果它们要钻透橡树的树干，那会是怎样一种情形啊！

③现在我们确信，鬣天牛成虫尽管外表看起来强壮有力，实际上却没法凭借自己的力量从树干里钻出来。如同一截小肠般的幼虫用它的智慧为成虫准备了逃脱的道路。

④筹划好未来，天牛幼虫又开始操心现在的安排了。挖好逃生出口之后，它退回到通道里不太深的地方，在出口通道的侧面挖一个蛹室。我从未见过如此极尽豪华、戒备森严的蛹室。这是一个宽大的巢，呈稍扁的椭圆形，长八十到一百毫米。椭圆截面的两条轴长度不一，长轴大

约有二十五到三十毫米，短轴只有十五毫米。

（《天牛》）

【材料二】

【C】我常常整个下午都守在红牧蚁的巢穴旁边，等待它们出窝，但总是无功而返。

（《红牧蚁》）

【D】真棒！多么聪明的沙泥蜂！我就知道你不会在没有毛虫的石堆上乱挖的！……我就趴在地上，近距离观察这狩猎的场面，绝不放过一个细节。

（《多毛长足泥蜂》）

【E】对于较大的声锉和四片振动的镜膜的作用，我看得一清二楚；但是左侧覆翅上的那个小的声锉有什么用呢？

（《蟋蟀的歌唱和交配》）

1. 读完《昆虫记》，小江总结了法布尔科学探究的基本经验。法布尔的研究基本遵循了"提出问题——分析猜想——实验验证——得出结论"的过程。请根据［材料一］，完成研究过程：

（1）提出问题：这几段文字中，作者想要探究的问题是什么？

_____

（2）实验验证：

实验次数	实验方法	实验现象
1	①_____	成虫都死光了，它们只挖了一小撮木屑。
2	把成虫放进芦苇秆末端，它们只要钻透三四毫米厚的天然膜。	②_____

（3）得出结论：_____。

2. 读完《昆虫记》，小江从许多含有"我"字的句子中，领悟到法布尔科学精神的具体内涵。你能结合上面材料中的画直线的句子，具体说一说吗？

_____

_____

_____

3. 读完《昆虫记》，小江发现说明方法里面也藏着法布尔的科学精神。你能结合材料一的第④段画波浪线的句子具体分析一下吗？

_____

_____

4. 读完《昆虫记》，小江发现法布尔还常常像哲学家一样去思考。研究天牛幼虫，法布尔不禁感慨：所有的动物，包括人，都天生具备一些智慧，一些与生俱来而非后天获得的灵感。《昆虫记》一书中还有许多这样哲理性的思考，你能再举两个例子吗？

_____

_____

(二) 阅读下面材料，完成题目。

杰出的建筑师

法布尔

①居住在草地里的蟋蟀，几乎和蝉一样有名气，主要是因为它出色的歌唱才华和建筑才华，它的住所堪称别墅。一位法国作家在一篇关于蟋蟀的寓言中写道："我的小家庭很舒适，如果你想要快乐的生活，就隐居在这里面吧！"

②在那些青青的草丛之中，隐藏着蟋蟀的住所。在这里，即便是下一场滂沱的暴雨，也会立刻就干了。蟋蟀的住所有一个有一定倾斜度的隧道。这个隐蔽的隧道，最多不过九寸深的样子，宽度也就像人的一个手指头那样。隧道按照地形情况，或弯曲，或垂直。总有一叶草，把进出洞穴的孔道遮蔽在黑暗之中。那微斜的门口，仔细用扫帚打扫干净，收拾得宽敞整洁。这里就是它们的聚会平台，每当四周很宁静的时候，蟋蟀们就会悠闲自在地聚集在这里，开始弹奏它的四弦提琴。它们一点儿也不嫉妒那些在空中翩翩起舞的花蝴蝶。相反倒有些怜惜它们。它们那种怜悯的态度，就好像我们常看到的那种有家庭欢乐的人，每当讲到那些无家可归、孤苦伶仃的人，都会流露出怜悯之情。

③确实，在建造巢穴方面，蟋蟀可以算是超群出众了。在各种各样的昆虫之中，只有蟋蟀在长大之后，拥有稳固的家庭住所。即使在一年之中最坏的时节，大多数其他种类的昆虫，都只是在一个临时的隐避所里暂且躲避身形，躲避自然界的风风雨雨。尽管这些昆虫在很多时候，

也会制造出一些让人感到惊奇的东西，以便安置它们自己的家，比如棉花袋子，用各种树叶制作而成的篮子，还有那种水泥制成的塔等。

④经过辛苦劳作造出的家，无论是春暖花开、生机盎然的春天，还是在寒风刺骨、漫天雪飘的严冬，都让蟋蟀无比依赖，不想迁移到任何其他地方去。虽然蟋蟀屋子内部并不奢华，隧道底部就是卧室，但这里很宽敞，也不潮湿。这样一个居住之所，是为安全舒适而建的，是蟋蟀的别墅。其他动物，或许正过着孤独流浪的生活，或许正卧在露天里，或许埋伏在枯树叶、石头和老树的树皮底下，它们正为没有一个稳固的住所而烦恼呢。

⑤要想建成一个稳固的住宅，并不那么简单。在我的住地不远的地方，有狐狸和獾猪的洞穴，它们绝大部分只是由不太整齐的岩石构建而成，而且一看就知道这些洞穴都很少修整。对于这类动物而言，只要能有个洞，暂且偷生，"寒窑虽破能避风雨"也就可以了。相比之下，兔子要比它们聪明一些。如果有些地方没有天然的洞穴可以供兔子们居住，以便躲避外界的侵袭与烦扰，那么，它们就会到处寻找自己喜欢的地点进行挖掘。

⑥然而，蟋蟀则要比它们中的任何一位聪明得多。它总是非常慎重地为自己选择一个最佳的家庭住址。它们很愿意挑选那些排水条件优良，并且拥有充足而温暖的阳光照射的地方。蟋蟀宁可放弃那种现成的天然洞穴，因为这些洞不合适，没有安全保障。蟋蟀要求自己的别墅每一处都必须是自己亲手挖掘而成的，从它的大厅一直到卧室，无一例外。因此，它拥有安全可靠的躲避隐藏的场所，拥有享受不尽的舒适感。

⑦除去人类，至今我还没有发现哪种动物的建筑技术要比蟋蟀更加精湛，它是自然界杰出的建筑大师。

（有删改）

1. 文中蟋蟀的住所有哪些特点？请提取文中的三个词语加以概括。

_____

2. 第②段画线句中的加点词能否去掉？为什么？

_____

_____

3. 文章第⑤段不是写蟋蟀的，能否删去？为什么？

_____

_____

（三）阅读下面文段，完成下列小题。

【材料一】

一只圣甲虫制成了粪球之后，便爬出纷乱熙攘的群体，倒退着推动自己的战利品离开工地，最晚赶来的那些圣甲虫有一个在它的身旁，刚开始在制作自己的粪球，便突然放下手中的活计，奔向滚动着的粪球，助那个幸运的拥有者一臂之力，后者似乎很乐意接受这种帮助。这之后，这两个同伴便联手干起活儿来。它俩争先恐后地努力把粪球往安全的地方运去。在工地上是否果真有过协议，双方默许平分这块蛋糕？在一个揉制粪球时，另一个是否在挖掘富矿脉以提取原料，添加到共同的财富上去呢？我从未看到这种合作，我一直看到的只是每只圣甲虫都独自地在开采地点忙乎着自己的活计。因此，后来者是没有任何既定权益的。

那么，是否是异性间的一种合作，是一对圣甲虫在忙着成家立业？有一段时间，我确实这么想过。两只圣甲虫，一前一后，激情满怀地在一起推动着那沉重的粪球，这让我想起了以前有人手摇风琴唱着的歌儿：为了布置家什，咱们怎么办呀？——我们一起推酒桶，你在前来我在后。通过解剖，我便丢掉了这种恩爱夫妻的想法。圣甲虫从外表上看是分不出雌雄来的。因此我把两只一起运送粪球的圣甲虫拿来解剖，我发现它们往往是同一个性别的。

既无家庭共同体，也无劳动共同体。那么这种表面上的合伙儿存在的理由是什么呢？

理由很简单，纯粹是想打劫。那个热心同伴假借着帮一把手，其实是心怀巨测，一有机会便抢走粪球。

【材料二】

巨大的宽宏大量的隧蜂只要自己愿意，就可以用其利爪把这个毁其家园的小强盗给开膛破肚了，可以用其大颚压碎它，用其螫针扎透它，但隧蜂压根儿就没这么干，却任由那个小强盗血红着眼睛盯住自己的宅门，一动不动地待在旁边。隧蜂表现出这种愚蠢的宽厚到底是为什么呢？

隧蜂飞走了。小飞蝇立刻飞进洞去，像进自己家门似的大大方方。现在，它可以随意地在储藏室里挑选了，因为所有的储藏室都是敞开着的；它还趁机建造了自己的产卵室。

在隧蜂归来之前，没有谁会打扰它。……私闯民宅者要干坏事必须有充裕的时间，但罪犯的计时器非常精确，能准确地计算出隧蜂在外面的时间。当隧蜂从野外返回时，小飞蝇已经逃走了。它飞落在离洞穴不远的地方，待在一个有利位置，瞅准机会再次打劫。

【材料三】

七月，午后酷热难耐，成群的昆虫干渴难忍，在枯萎打蔫儿的花上爬来爬去，想找点儿水解渴，而蝉却对普遍的水荒不屑一顾。它用它那如钻头般的细嘴，在自己那永不干涸的酒窖中钻了开来。它不停地歌唱着，落在一棵小树的细枝上，钻透那坚硬平滑、被太阳晒得汁液饱满的树皮。它从钻孔中把吸管插进去之后，便一动不动地、聚精会神地、美滋滋地沉浸在汁液和歌声的甜美之中。

……许许多多渴得不行的家伙在转悠着。它们发现了这口井，因为从井栏上渗出的树汁，使这口井暴露了。它们一拥而上，一开始还有点儿小心翼翼，只是舔舔渗出来的汁液。我看见拥挤在甜蜜的井口旁的有胡蜂、苍蝇、球螋、泥蜂、蛛蜂、金匠花金龟，最多的是蚂蚁。

最小的，为了靠近清泉，便从蝉的肚腹下钻过去。宽厚仁慈的蝉便抬起爪子，让这些不速之客自由通过。……不速之客们贪心越来越大：刚才还谨小慎微的它们突然变成了一群乱哄哄的侵略者，一心要把掘井者从井边驱逐掉。

(有删减)

1. 下列探究专题与以上材料内容最符合的一项是（　　）。

A. 爱劳动的昆虫们　　　　　B. 爱抢劫的昆虫们

C. 昆虫界的合伙人　　　　　D. 昆虫界的热心人

2. 按要求回答问题。

(1)"为了布置家什，咱们怎么办呀？——我们一起推酒桶，你在前来我在后。"作者引用歌词有何用意？

_____

(2)"它们发现了这口井，因为从井栏上渗出的树汁，使这口井暴露了。"这里的"井"和"井栏"分别喻指什么？

_____

_____

3. 材料一中关于圣甲虫合伙劳动的真相，作者为什么到文末才揭示？

_____

_____

二轮 提升拓展

一、填空题

1. 《昆虫记》向读者呈现了一个有趣的昆虫世界，书中所写的昆虫们如小说中的人物一样鲜活。请参考①将选项填入对应的括号内。

A. 蝉　　　　　B. 螳螂　　　　　C. 大孔雀蝶　　　D. 蟋蟀

①"结婚狂"（C）　　　　　　②"繁衍迅速的音乐家"（　　）

③"地下潜伏者"（　　）　　　④"善打心理战的高手"（　　）

2. 阅读语段，按要求完成下面的题目。

①几乎每次进餐后，它都要整理一下仪容。譬如用前腿上的跗节把触须和上颚里里外外清理干净。

②嗉囊装满后，它用喙尖抓抓脚底，用沾着唾液的爪擦擦脸和眼睛，然后闭着双眼或躺在沙上消化食物。

以上两段文字均出自《昆虫记》，①中的"它"是指_____，②中的"它"是指_____。

3. 阅读下面的文字，并根据《昆虫记》中的相关内容，在文段中空白处填入恰当的选项。

有人说

上帝不能无处不在，

因此他创造了母亲。

对孩子极尽体贴，这是_____妈妈的爱；

让孩子自立自强，这是_____妈妈的爱；

不同的语言，

讲述的都是爱。

其实

天下母亲都一样，

无论茫茫尘世间，

还是小小昆虫园。

A. 被管虫　　　B. 蚂蚁　　　C. 狼蛛　　　D. 蝎子

4. 阅读语段，完成题目。

你们是把昆虫开膛破肚，而我是在它们活蹦乱跳的情况下进行研究；你们把昆虫变成一堆既恐怖又可怜的东西，而我则使得人们喜欢它们；你们在酷刑室和碎尸场里工作，而我是在蔚蓝的天空下，在鸣蝉的歌声中观察；你们用试剂测试蜂房和原生质，而我却研究本能的最高表现；你们探究死亡，而我却探究生命。

这里的"我"是_____，他一反常规，用_____和实验的方法来研究昆虫的本能和习性。他的名著《昆虫记》，堪称_____和_____完美结合的典范，赢得了"昆虫的史诗"的美誉。

5. 下段文字选自《昆虫记》，"它们"是指_____（填昆虫名），描述了_____的有趣场景。

它摇摆着触须，挑逗着路过的姑娘们。未来的母亲们庄重地踱步，等待着小伙子们上来求爱……它们就头挨着头，摩擦着对方的触须，好像在示好……

二、选择题

1. 下列关于名著及文学常识的表述，不正确的一项是（   ）

A.《孟子》是记录孟子及其弟子言行的著作，共七篇，相传为孟子及其弟子共同编著而成的。

B. 法布尔的《昆虫记》既是优秀的科普著作，也是公认的文学经典，它行文生动活泼，语调轻松诙谐。作者除了真实地记录昆虫的生活，还透过昆虫世界折射社会人生。

C.《愚公移山》《歧路亡羊》《杞人忧天》《两小儿辩日》等寓言故事均出自《列子》。

D.《史记》是西汉司马迁编写的我国第一部编年体通史，有本纪、世家、列传、书、表五种体裁，共130篇。这部书被鲁迅称为"史家之绝唱，无韵之离骚"。

2. 下列关于名著及名著阅读方法的说法正确的一项是（   ）

A.《昆虫记》是法国作家法布尔写的一部科普巨著。它堪称科学与文学完美结合的典范，有着"昆虫的史诗"的美誉，行文活泼，语言诙谐，还常常以比喻手法表现昆虫世界，读来情趣盎然。

B. 在"三打祝家庄"这一情节中，宋江一打二打均失败，原因在于忽略了当地民众的力量，三打的成功在于离间扈家庄和祝家庄的关系，并暗中招降李家庄庄主扑天雕李应，使祝家庄实力大减。

C.《水浒传》中的武松崇尚忠义，有仇必复，有恩必报，他是上层英雄好汉中极富有血性和传奇色彩的人物。

D. 阅读纪实作品最基本的要求是清楚地把握作品所写的事实；阅读科普作品既要把握科学概念，又要理解科学精神。这两类作品都以把握知识为主，语言风格与艺术趣味可不必关注。

3. 在"阅读传承文明，经典浸润人生"知识竞赛中，请你去伪存真，找出下列说法中正确的一项（　　）

A. 法布尔的昆虫世界多彩迷人。《昆虫记》是美国杰出昆虫学家法布尔的传世佳作，亦是一部不朽的著作，不仅是一部文学巨著，也是一部科学百科。

B. 艾青诗歌具有"诗中有画"的特点，诗作多用"土地""太阳"等意象，具有鲜明的色调，清晰的线条，素描一般的简练、凝重。

C.《范进中举》介绍范进参加乡试，乡试是科举制度中每三年举行一次的全省考试，秀才或监生等应考，考中者为进士。

D.《刘姥姥进大观园》中刘姥姥二进大观园，与贾母、凤姐等人一起进餐，闹出许多笑话。刘姥姥在《红楼梦》中是个实打实的丑角，作者对她是鄙视的。

4. 小语同学阅读法布尔的《昆虫记》，为神奇的昆虫世界所吸引，为其中四种昆虫创作了一首小诗。请你根据他的描绘选出与各序号对应的昆虫选项。（　　）

走进昆虫世界，我遇见了你——

①_____，你是雍容华贵的禁食主义者，传宗接代就是你活着的全部意义；

②_____，你是多么细心又挑剔，为了孩子的第一口食物，不辞辛劳地用长嘴开凿着深井；

③_____，你年轻时辛勤采蜜，年老时甘当看门人，一生都在为家庭尽心尽力；

④_____，你若为雄是搬运工，你若为雌是面包师，你们齐心协力，是昆虫界的模范夫妻。感谢遇见！你们，让我读懂了一首生命的

诗篇。

A. ①大孔雀蝶　②象态橡栗象　③隧蜂　④米诺多蒂菲

B. ①象态橡栗象　②隧蜂　③米诺多蒂菲　④大孔雀蝶

C. ①大孔雀蝶　②隧蜂　③象态橡栗象　④米诺多蒂菲

D. ①象态橡栗象　②米诺多蒂菲　③隧蜂　④大孔雀蝶

5. 下列有关文学常识和名著阅读的表述，正确的一项是（　　）

A. "是日更定矣"中的"更定"，指晚上八时左右。更，古代夜间的计时单位，一夜分为五更，每更约两小时。

B.《钢铁是怎样炼成的》《红星照耀中国》《昆虫记》的作者分别是苏联作家尼古拉·奥斯特洛夫斯基、英国记者埃德加·斯诺、法国昆虫学家法布尔。

C. 唐僧师徒四人去西天取经，路遇火焰山受阻。为过火焰山，孙悟空变作牛魔王的模样从铁扇公主手中骗来芭蕉扇。牛魔王知道真相后，采用相同的办法，变成沙僧的样子，又从孙悟空手中骗回了扇子。

D. 除夕是农历旧年的最后一夜，又叫"团圆夜"，有吃团圆饭、吃饺子、守岁等习俗；春节是农历新年的第一天，俗称"过年"，有贴春联、拜年、吃元宵等习俗。

6. 下列说法不正确的一项是（　　）

A. 我们常以桑梓指代故乡，婵娟指代月亮。称山的北面和江河的南面为阴，山的南面和江河的北面为阳。

B.《昆虫记》的作者是法国昆虫学家法布尔。作者将昆虫的多彩生活与自己的人生感悟融为一体，字里行间都透露出对生命的尊重与热爱。

C. 欧阳修，字永叔，号醉翁、六一居士，北宋政治家、文学家。与韩愈、柳宗元、苏轼、苏洵、苏辙、王安石、范仲淹被世人称"唐宋八大家"。

D.《史记》是西汉司马迁撰写的中国历史上第一部纪传体通史，对后世史学和文学的发展都产生了深远影响。《史记》被鲁迅誉为"史家之绝唱，无韵之《离骚》"。

7. 下列表述有误的一项是（　　）

A. 美国记者埃德加·斯诺在《红星照耀中国》一书中写道："在某种意义上讲，这次大迁移是历史上最大的一次流动的武装宣传。"文中的"大迁移"是指中国工农红军的万里长征。

B. 王树增的《长征》和李鸣生的《飞向太空港》都属于纪实文学作品，在遵循真实性原则的前提下，也有着浓厚的文学色彩。

C. 法布尔的《昆虫记》，为我们揭开了昆虫世界一个又一个的奥秘，也第一次对人类征服自然、改造自然的观念提出了质疑，尖锐地指出杀虫剂的使用严重污染了自然环境，对人类的生存构成了极大的威胁。

D.《昆虫记》这部引人入胜的书，是法国昆虫学家法布尔花了足足三十年时间写就的十卷本科普著作。他对于昆虫的形态、习性、劳动、繁衍和死亡的描述，洋溢着对生命的尊重，对自然万物的赞美。

8. 下列关于文学作品常识及内容的表述，不完全正确的一项是（   ）

A. 唐诗是中华文化的瑰宝，是诗歌艺术的顶峰。登高野望的李白、在黄鹤楼上远眺的王绩、出使边塞的崔颢、战乱之中思念远方亲人的王维、去往雁门奔向沙场的李贺、遥想赤壁之战的杜牧都是唐朝杰出的诗人。

B. 执着与坚守支撑着中华民族的气节。孟子理想的"大丈夫"不管面对怎样的处境都坚守着自我；愚公面对庞大的山脉发出"子子孙孙无穷匮也"的誓言；周亚夫面对皇帝的慰劳仍然坚守着严格的军纪。这些优异的品质正是中华文明的精髓。

C. 欲扬先抑是写作的一种手法。《藤野先生》《列夫·托尔斯泰》《背影》和《白杨礼赞》中均运用了这种手法，让人物形象更加鲜明。

D. 昆虫的世界丰富而有趣。《蝉》一文让我们知道了蝉的地穴构造和成长过程。这篇文章选自《昆虫记》，作者是法布尔，世人称其为"昆虫界的荷马"。

9.《昆虫记》中描写了许多昆虫，下列不是书中的动物的一项是（   ）。

A. 象鼻虫、蟋蟀　　　　　　　B. 蜘蛛、蜜蜂

C. 螳螂、蝎子　　　　　　　　D. 骆驼、恐龙

10.《昆虫记》中蟹蛛爱吃（   ）。

A. 蜜蜂　　　B. 蝎子　　　　C. 蝴蝶　　　　D. 蝉

11. 下列说法有误的一项是（   ）

A. 诗歌偏重于抒情言志，诗歌的情感往往寄托在鲜明独特的意象上，通过意象营造出生动感人的意境。

B. 杨绛先生于 2016 年 5 月 25 日辞世。她在叙事散文《老王》中记叙了与老王的交往经历，表达了她对老王深切的愧怍之情，也表现了知识分子可贵的自省精神。

C. 古代跟年龄有关的称谓很多，如"垂髫"指小孩，"花甲"指六十岁的老人，"加冠"指年已二十的成年男子。

D. 法国博物学家布封的《昆虫记》，既是优秀的科普著作，也是公认的文学经典。课文《蝉》就是选自其中。

12. 昆虫记透过昆虫世界折射出（　　）

A. 历史 　　　　 B. 人类活动 　　 C. 社会人生 　　 D. 政治生活

三、综合性学习

1. 读书笔记是指读书时为了把自己的读书心得记录下来或为了把文中的精彩部分整理出来而做的笔记。在读书时，写读书笔记是训练阅读的好方法。请就下面两部作品中你印象最深的内容写一写读书笔记，字数不少于 150 字。

①《红星照耀中国》　　②《昆虫记》

_____

_____

2. 下面是一位同学的《昆虫记》阅读记录卡。请结合卡片内容完成练习。

（1）请帮他完善卡片内容，在①处填写作者国籍，在②处填写这本书的类型。

阅读记录卡
内容简介： 　　《昆虫记》是一部引人入胜的书，是①_____国昆虫学家法布尔历时三十年撰写的②_____巨著。这是一本讲述昆虫生活的书，涉及蜣螂、蚂蚁、泥蜂、圣甲虫、蝉等一百多种昆虫。

（2）请仿照这位同学的读后感悟，从《昆虫记》中任选一种昆虫，写出你的读后感悟。

读后感悟
点滴感悟：红蚂蚁，你是行走的导航仪，从不担心迷失路途。 灵感来源：红蚂蚁具有神奇的记忆力。即使它们出征的路程很长，需要几天几夜，但只要沿途景物不发生变化，它就能凭借着记忆找到回家的路。

_____

_____

_____

四、现代文阅读

（一）阅读下面文段，完成下列小题。

①想看蟋蟀产卵的人，不必花一个钱做准备工作；他只要有点儿耐心就够了。布封称这耐心是一种天赋，我愿略降一格，称之为观察工作者的最可贵的品质。我们在四月，或最迟五月，把乡野蟋蟀一雌一雄地单独关在盛有底土的花罐里。可以用莴苣叶做它们的食物，隔一段时间换一次新鲜的。容器口上盖一块小玻璃板，防止蟋蟀逃走。

②一些很有意义的资料，就是通过这种简陋的设备获得的。需要的话，还可以利用优质金属网做的笼子，作为辅助设备。现在，我们来监视产卵过程，但愿能保持高度警觉，不要错过产卵良机。

③时至六月的第一个星期，坚持不懈的观察工作开始收到令人欣慰的成效。我忽然看见母蟋蟀站在那里一动不动，产卵管垂直插在土里。对我有失礼貌的偷看行为，它毫不介意，依然长时间定在一个点上不动。最后，它拔出自己那把点播种子的小铲，草草扒拉几下，抹掉钻眼的痕迹；它稍微喘口气，又溜达到另一个地点，再度开始往土里插产卵器；它这儿插一下，那儿插一下，所有可以利用的地皮都点播到了。这情形和大家熟悉的白面螽（zhōng）斯一样，只是操作速度比螽斯缓慢。二十四小时过去，我觉得产卵结束了。但为了做到更可靠地掌握情况，我又继续观察了两天。

④两天过后，我开始搜索土层。卵粒呈稻草黄色，都是有两个终端的小圆柱体，长约三毫米。它们彼此不接触，竖埋在土里，点播的距离很近。种子数量多少，取决于一个连续产卵过程中的产卵次数。整个土层下都发现了卵粒，它们离土表层大约两厘米。用放大镜观察一堆土，是件很麻烦的事情，根据这样所能观察到的结果估计，每只母蟋蟀的一个产卵过程，大约产出五六百粒卵。这等规模的家庭，肯定要在很短的时间内接受大幅度裁员才行。

⑤每粒蟋蟀卵，本身都是绝妙的小小机械系统。卵壳就像一个白色的遮光套，顶部有一个很规则的圆孔；沿圆孔周边扣着一个拱形顶帽，

成为一个封盖。封盖不是在新生儿盲目推顶或割划下被划开，而是沿一道特意准备的、质地极其脆弱的线纹自动开启。这奇妙的孵（fū）化过程，也应该了解一下。

⑥产卵后十五天左右，卵壳前端隐约看得见一对黑里透红的视觉器官的大圆点。之后，在圆柱体顶端，恰好显现出一个微型环状垫圈。这就是正在形成中的断裂线。不久，透过半透明的卵壳，可以看见里面那小动物身体的细小分节。再往后，就要加倍警觉，频频察看了，尤其是上午的时间里。

⑦好运气所偏爱的，是那些有耐心的人；它来报答我所付出的艰辛劳动。经过一种精妙绝伦的加工，微型垫圈已经变成一道强度甚低的条纹；就在这个时候，困在卵中的小生命额头一碰，卵盖便沿着自己的周边分离开去，被顶起来。随后落在一旁，其景状与注射剂细颈薄玻璃瓶的顶帽断落一样。蟋蟀从卵壳里出来，犹如从玩偶盒里弹出了个小怪物。

1. 下列说法有误的一项是（　　　　）

A. 本文是一篇事物说明文，文章按照时间顺序说明了蟋蟀出生的过程。

B. 第③段两处加点的词语将蟋蟀赋予人的动作或情态，表现了它产卵的专注沉着和有条不紊。

C. 第⑦段画线句运用举例子的说明方法，生动形象地说明了蟋蟀破卵而出时的可爱情状。

D. 本文中作者法布尔对蟋蟀出生过程的描述，处处洋溢着对生命的尊重，对自然万物的赞美。

2. 细读文章③⑥⑦段，将下面图示中蟋蟀出生的过程补充完整。

母蟋蟀产卵点播→卵壳前端出现一对视觉器官的大圆点→（1）＿＿＿＿＿＿＿＿＿→（2）＿＿＿＿＿＿＿＿＿→（3）＿＿＿＿＿＿＿＿＿→小生命顶起卵盖，破卵而出。

3. 文章第②段"现在，我们来监视产卵过程，但愿能保持高度警觉，不要错过产卵良机"一句中，作者为什么用"监视"而不用"察看"？请说说你的理解。

＿＿＿＿＿＿＿＿＿＿＿＿＿＿＿＿＿＿＿＿＿＿＿＿＿＿＿＿＿＿＿＿＿

＿＿＿＿＿＿＿＿＿＿＿＿＿＿＿＿＿＿＿＿＿＿＿＿＿＿＿＿＿＿＿＿＿

＿＿＿＿＿＿＿＿＿＿＿＿＿＿＿＿＿＿＿＿＿＿＿＿＿＿＿＿＿＿＿＿＿

（二）阅读下面文章，完成练习。

红蚂蚁

在我的荒石园昆虫实验室里，有许多的实验品，首推红蚂蚁。①这种红蚂蚁犹如捕猎奴隶的亚马逊人，她们不善于哺育儿女，不会寻找食物，即使食物就在身边也不会去拿，必须依靠仆人们伺候她们进食，帮她们料理家务。红蚂蚁就是这样，专门去偷别人的孩子来伺候自己家族。它们抢掠邻居家的不同种类的蚂蚁，把别的蚂蚁的蛹掠到自己的蚁穴里来，不久之后，蛹蜕了皮，就成了红蚂蚁家中拼命干活的奴仆了。

炎热的夏季来到时，我经常看见这些"亚马逊人"从它们的营地出发，前去远征。这支远征的队伍竟长达五六米。当发现了一个黑蚂蚁窝，红蚂蚁就立即急不可耐地闯入黑蚂蚁蛹穴里去，不一会儿，携带着各自的战利品纷纷爬出来。有时候，在这地下城市的城门口，遇上黑蚂蚁在守卫着。一方要尽力守护自己的财产，另一方则势在必得，双方混战一场，场面颇为惊心动魄。由于敌我双方力量的悬殊，胜利者当然是红蚂蚁。这帮强盗，一个个用大颚咬住黑蚂蚁的蛹，急急忙忙地往回家的路上赶。

然而，返回的路却是不可改变的，必须是原路返回。即使来路艰险万分，它们也始终不渝，绝对不会改变路线。

有时路途遥远，它们靠什么辨别回家的路呢？据说，蚂蚁就是通过嗅觉来辨别方向的，而它的嗅觉就在它那始终动个不停的触角上。我对这种看法持有怀疑。首先，我不相信嗅觉会存在于触角上；再者，我希望通过实验来证明红蚂蚁并不是依靠嗅觉来辨别方向的。

经过这两次实验——用水冲刷路面的实验和用薄荷叶改变气味的实验——之后，我觉得，再认为是嗅觉在指引着蚂蚁沿着原路返回家园的，那就没有道理了。我再做一些别的测试，我们就会明白了。

现在，②我对地面未加改变，而是用几张很大的纸张，横铺在路面上，用几块小石头把它们压住，弄平。这块纸地毯彻底地改变了道路的外貌，但丝毫没有去掉可能会有的气味。红蚂蚁爬到这纸地毯面前，非常犹豫，疑惑不解，比面对我所设下的其他圈套，甚至激流，都要更加犹豫不决。它们从各个方面探查，一再地前进，后退，再前进，再后退，最后才铤而走险，踏上了这片陌生的区域。它们终于穿越了纸地毯。通过之后，大队人马又恢复了原先的行进行列。

这就说明并不是嗅觉而是视觉在使它们最终找到了回家的路。没错，是视觉在起作用，只不过它们的视力十分微弱，只要移动几个卵石就能改变它们的视野。当然，光靠这么点微弱的视力还是不够的，这些亚马逊强盗还具有精确的记忆力。我甚至还观察到这样的情况：红蚂蚁抢掠的猎获物太多，一趟搬不完，或者，这支远征军发现某处黑蚂蚁非常多，于是，第二天，或者第三天，它们还会进行第二次远征。在第二次同一条线路的远征中，大队人马无须沿途寻找，而是直奔目的地……

③它们所走的路是两三天前的路了，路上留下的原有的气味估计已经散尽，不可能保持这么久的。所以我得出结论，是视觉在指引着远征的红蚂蚁们的。当然，除了视觉之外，还有它们对地点的极其准确的记忆。

(有删减)

1. 阅读选文，仿照示例，请你完成"红蚂蚁"的档案卡。

> 我的档案卡
>
> 学名：蝗虫
> 别名：油蚂蚱
> 自我简介：我特别能吃，喜欢肥厚的叶子，特别是庄稼的。我喜飞善跳，胆量大，头部的一对触角是嗅觉和触觉合一的器官。我有一对带齿的发达大颚。我后足强大，跳跃主要靠它。
> 自我评价：我贪食，残忍，胆量大，还很坚强。

> 我的档案卡
>
> 学名：红蚂蚁
> 别名："亚马逊人"
> 自我简介：(1)＿＿＿＿＿＿＿＿＿＿＿＿＿＿＿＿＿＿＿＿＿
> 自我评价：(2)＿＿＿＿＿＿＿＿＿＿＿＿＿＿＿＿＿＿＿＿＿

2. 阅读选文，下列表述有误的一项是（　　　）

A. 画线句①中红蚂蚁在作者的笔下就像人一样，不会干家务，不会带孩子，甚至不会自己吃饭，其形象跃然纸上，语言诙谐生动，让人忍俊不禁。

B. 画线句②运用举例子的说明方法，举"几张很大的纸张，横铺在路面上，用几块小石头把它们压住，弄平"的例子，来说明"我"对地面未加改变，让人信服。

C. 画线句③中，红蚂蚁所走的路是两三天前的了，按照常理推测路上留下的原有的气味应该散尽了，但自己又没有证据证明，用"估计"表示推测，语言严谨科学。

D. 本文有情节，有描写，既是富于科学性的昆虫学作品，又是可读性很强的优美散文。由此可以看出，《昆虫记》堪称科学与文学完美结合的典范。

3. 解剖专家贾博士最近也想研究红蚂蚁，为此他新购置了微型解剖刀，并在朋友圈公布了自己为此次研究所做的准备。请结合文章及具体情境，完成对话。

贾博士@红蚂蚁：欢迎来我的实验室！

红蚂蚁回复贾博士：吓死本宝宝了！我才不上你的当！

蝉@贾博士：_____

红蚂蚁@蝉：就是！就是！我们喜欢这样的研究方法，他研究我时也是这样的过程！

贾博士：自闭中！

法布尔@蝉@红蚂蚁：谢谢你们对我的赞扬！比心！

（三）阅读下面文章，完成小题。

萤火虫

①如果萤火虫只会像亲吻似的轻拍蜗牛，对它施以麻醉术，而没有其他本领的话，那它也就不会这么出名，这么家喻户晓了。它真正名扬四海的原因，是它能在尾部亮起一盏灯。

②我的手和眼仍然很听使唤，做起解剖来还算得心应手，因此，我便想解剖一下萤火虫的发光器官，以便彻底搞清楚其构造。我终于成功地把一根发光宽带的大部分给剥离开来。我在显微镜下仔细地观察了这条宽带，发现其上有一种白色涂料，由极其细腻的黏性物质构成。这白色涂料显然就是萤火虫的光化物质。紧靠着这白色涂料，有一根奇异的气管，主干很短却很粗，下面长了不少的细枝，延伸至发光层上，甚或深入体内。

③发光器官受到呼吸气管的支配，发光是氧化所导致的。白色涂层提供可氧化的物质，而长有许多细枝的粗气管则把空气分送到这物质上。现在，我很想搞清楚这个涂层的发光物质究竟为何物。起初，人们以为

那是磷，还把它加以燃烧，以化验其元素，<u>但这种办法并没获得理想的效果</u>。显然，磷并非萤火虫发光的原因，尽管人们有时把磷光称之为萤光。这个问题的答案肯定不在这里，而是另有原因。

④萤火虫能够随意地散布它的光亮吗？它能否随意地增强、减弱、熄灭其亮光？它怎么做的呢？它有没有一个不透明的屏幕朝着光源，能够把光源或遮住或暴露出来呢？现在，我们对这个问题已知道得很清楚，萤火虫并没有这样的器官，这样的器官对它来说是没有用的，它拥有更好的办法来控制它的明灯。若想增强光的亮度，遍布光化层的光管就会加大空气的流量；如果它把通气量减少甚至停止供气，光度就变弱，甚至熄灭。总之，这个机理与油灯的机理一样，其亮度是通过控制空气进入灯芯的量来调节的。

⑤从各种实验的结果来看，极其明显的是，萤火虫是自己在控制着身上的发光器，它可以随意地使之或亮或灭。不过，在某种情况之下，有无萤火虫的调节都无关紧要。我从其光化层上弄下来一块表皮，把它放进玻璃管里，用湿棉花把管口堵住，免得表皮过快地蒸发干了。只见这块表皮仍在发光，只不过其亮度不如在萤火虫身上那么强而已。在这种情况下，有无生命并不要紧。氧化物质，亦即发光层，是与其周围空气直接接触的，无须通过气管输入氧气，它就像是真正的化学磷一样，与空气接触就会发光。还应该指出的是，这层表皮在含有空气的水中所发出的亮光，与在空气中所发出的亮光的强弱一样。不过，如果把水煮开，沸腾，没了空气，那么，表皮的光就熄灭了。这就更加证明，萤火虫的发光是缓慢氧化的结果。

⑥萤火虫发出来的光呈白色，很柔和，但这光虽然很亮，却不具有较强的照射能力。在黑暗处，我用一只萤火虫在一行印刷文字上移动，可以清楚地看出一个个字母，甚至可以看出一个不太长的词儿来，但是，在这小小的范围之外的一切东西，就看不见了。

（有删改）

1. 本文围绕萤火虫的发光，依次介绍了_____、发光控制原理和_____等知识。

2. 下面句中的加点词能否删去？为什么？

但这种办法并没获得理想的效果。

_____

_____

3. 小文和小梦对"囊萤"能否读书起了争议，这时你也参与讨论，表达自己的见解。

小文：你知道吗，萤火虫的光还能读书呢！古代就有人捉了许多萤火虫放在白绢做的口袋里，夜里读书用。

小梦：你说的是车胤"囊萤"读书的故事吧，我觉得这只是传说而已，"囊萤"的光是没法借来读书的。

我：_____

_____

_____

4. 小文在网上找到一段介绍萤火虫的文字，阅读后觉得还是法布尔写得更有意思，请以上文内容为例说说"法布尔写得更有意思"体现在哪些方面。

萤火虫的"发光器"位于腹部末端的腹面，主要由大量发光细胞组成。发光细胞中的荧光素，在荧光素酶的催化下利用萤火虫体内的能量物质（ATP）与氧气发生反应，使化学能转化为光能从而激发出光子，形成肉眼可见的亮光。

_____

_____

_____

三轮　真题演练

一、选择题

1.（2021·黑龙江绥化·中考真题）下列各句表述有错误的一项是（　　）

A.《朝花夕拾》是鲁迅的一部回忆性散文集，原名《旧事重提》。我们可借此了解鲁迅从幼年到青年时期的生活道路和心路历程。

B.《昆虫记》堪称科学与文学完美结合的典范，无愧于"昆虫的史诗"之美誉，是法国昆虫学家法布尔花了足足三十年时间写就的十卷本科普巨著。

C.《海底两万里》是凡尔纳的"幻想三部曲"之一。因此他被誉为"科学时代的预言家"和"现代科学幻想小说之父"。

D.《傅雷家书》凝聚了傅雷对祖国、对儿子深厚的爱。傅雷现身说法，教导儿子傅聪要做一个"德艺俱备、人格卓越的艺术家"。

2.（2015·四川攀枝花·中考真题）下列关于文学、文化常识的表述不正确的一项是（　　）

A.《世说新语》是南朝宋刘义庆组织编写的一部小说集，主要记载汉末到东晋士大夫的言谈、逸事。

B. 书信和普通文章的区别，主要在体例格式上而非内容上。在书信中，可以记叙事情、描写景物、说明事物、抒发情感，也可以发表对人生和社会的议论。

C. 课文《马》的作者布封是法国博物学家、作家，著有《自然史》和《昆虫记》。

D. 在《格列佛游记》中，格列佛和慧骃之间的对话成了对"人类"社会的无情鞭笞——比如，格列佛对英国士兵的解释是："一只受人雇佣、杀人不眨眼的耶胡，它杀自己的同类越多越好。"

3.（2021·山东济宁·中考真题）下面所列名著与信息，对应正确的一项是（　　）

①	《水浒传》："智取生辰纲"中林冲表现很抢眼。	⑤	《骆驼祥子》："京味儿"很浓。
②	《红星照耀中国》：为国家和民族命运奋战。	⑥	《简·爱》：感受人间父子情深。
③	《朝花夕拾》：可以认识鲁迅的成长历程。	⑦	《西游记》：为理想披荆斩棘。
④	《儒林外史》：故事多，没有贯穿始终的主角。	⑧	《昆虫记》：凡尔纳的科幻探险小说。

A. ①③⑤⑧　　B. ③④⑥⑦　　C. ①②⑥⑧　　D. ②④⑤⑦

4.（2021·江苏连云港·中考真题）下列有关文学文化常识的表述，错误的一项是（　　）

A. 中华诗文浩如烟海，逐渐形成了一些表意相对固定的词语，如"汗青"指史册，"青鸟"指信使，"瀚海"指大海，"阳"指山南水北。

B. 颜真卿诗句"三更灯火五更鸡，正是男儿读书时"中的"三更"指的是23～1点，"五更"指的是3～5点。

C. 清代蒲松龄所写的文言短篇小说集《聊斋志异》中，花妖狐魅，多具人情，如婴宁的无忧无虑，无拘无束，笑声朗朗。

D. 法国作家法布尔所著的《昆虫记》，将昆虫鲜为人知的生活习性生动地描写出来，如螳螂善于利用"心理战术"制服敌人。

5. （2020·江苏淮安·中考真题）下列对相关名著的表述有错误的一项是（　　）

A.《昆虫记》是法国昆虫学家法布尔写就的十卷本科普巨著，堪称科学与文学完美结合的典范，无愧于"昆虫的史诗"之美誉。

B. 1936 年，美国记者埃德加·斯诺冒着生命危险，穿越重重封锁，深入延安。后来，他根据采访和考察得来的第一手资料，写成了《红星照耀中国》。

C. 沙僧是《西游记》中深受人们喜爱的角色，他本是天上的天篷元帅，因触犯天规，被贬下凡。错投猪胎，长成一副长嘴大耳、呆头呆脑的样子。

D.《儒林外史》这部小说不仅具有深邃的主旨，在艺术上也达到了很高的境界，将讽刺的锋芒隐藏在含而不露、耐人寻味的叙述中。

6. （2020·浙江湖州·中考真题）名著推广活动中，一位同学为下面四部名著设计了演讲主题，不恰当的一项是（　　）

A.《昆虫记》：拥有和自己斗争的勇气，才能登上艺术的顶峰。

B.《简·爱》：你总要熬过一些苦难，方能尘埃落定，静待花开。

C.《红星照耀中国》：你的热爱有多浓烈，你的祖国就有多美丽。

D.《海底两万里》：即使是普通的冒险，也伴随着对科学的关注。

7. （2018·黑龙江绥化·中考真题）下列说法错误的一项是（　　）

A."伯""仲""叔""季"表示兄弟之间的排序。"谥号"是古代王侯、名臣、将相高级官吏、文士等死后，朝廷根据他们生前的德行给予的称号。

B. 新闻结构的五部分，分别是标题、导语、主体、背景、结语，其中标题、主体、结语是必不可少的三部分。

C. 科举时代，一般童生先在县或府里参加院试，考取了叫"进学"，也就是中了秀才，秀才再到省会参加三年一次的乡试，考中的为"举人"。

D.《最后一课》《昆虫记》《我的叔叔于勒》都是法国作家的作品。

8.（2022·吉林长春·中考真题）下列对名著的理解，不正确的一项是（　　）

A.《朝花夕拾》是作者成年后怀想往事之作，有温馨的回忆，也有理性的批判。

B.《骆驼祥子》中祥子的悲剧是社会悲剧，是那个时代造成的，和祥子本人无关。

C.《昆虫记》语言浅近又不失幽默，"以人性观照虫性"，兼具理趣与情趣。

D.《儒林外史》极具讽刺效果，将人物形象和世俗风貌描摹得形神兼备。

9.（2022·江西省·中考真题）下列对相关名著的解说，正确的一项是（　　）

A.《西游记》：中国古典文学中极富想象力的科幻小说。

B.《昆虫记》：阿西莫夫写就的科学与文学完美结合的"昆虫的史诗"。

C.《儒林外史》：中国古代讽刺小说的高峰。

D.《简·爱》：寻求人格独立，追寻平等自由的英雄赞歌。

10.（2020·四川乐山·中考真题）下列对《昆虫记》《朝花夕拾》相关内容的表述不正确的一项是（　　）

A. 美丽的螳螂"宽阔的轻纱般的薄翼，如披风拖曳着"，好像一个女尼，却被称为原野中的"杀手"。

B.《昆虫记》中作者借助昆虫的世界来折射社会人生，让人在感受、了解昆虫诸多生活习性的同时联想到自身。

C. 在《二十四孝图》《五猖会》《父亲的病》中，鲁迅喜欢恪守孝道的故事，并且身体力行。

D. 鲁迅借动物、众鬼嘲弄人生，对"正人君子们"进行鞭挞的文章有《狗·猫·鼠》《无常》。

11.（2019·内蒙古赤峰·中考真题）下列有关名著内容表述有误的一项是（　　）

A.《大堰河——我的保姆》选自《艾青诗选》，该诗是艾青的成名作。作者在该诗中抒发了对抚养他的保姆大堰河深深的挚爱与无尽的怀念之情。

B.《儒林外史》被鲁迅称为"中国古代最优秀的讽刺小说"，科举制度成为该书揭露和讽刺的主要对象，在作者笔下，这个制度已经极度腐朽。

C. 祥子是老舍的小说《骆驼祥子》中的重要人物，在二十二岁那年，他买了一辆刚打好的车，从此再也不用为"车份儿"着急了，可惜好景不长，为了埋葬虎妞，他只好把这辆车卖了。

D.《昆虫记》是法国昆虫学家法布尔写的一部科普巨著，揭示了昆虫世界一个又一个的生活奥秘。该书行文活泼，仿佛把读者带入了一场探索与发现之旅，读来情趣盎然。

二、名著阅读

1.（2022·云南昆明·中考真题）请把下面的语段补充完整。（范围：初中教材"名著导读"中主要推荐的十二部名著）

阅读经典可以丰富阅历，涵养性情。让我们一起阅读散文集A《＿＿＿＿＿》，了解鲁迅从幼年到青年时期的生活道路和心路历程；在科普巨著《昆虫记》中遨游，去感受"掌握田野无数小虫子秘密的语言大师"B＿＿＿＿＿（作者）对生命的尊重，对自然的赞美；阅读老舍的作品，了解他笔下的车夫C＿＿＿＿＿（人名）"三起三落"的人生经历，感受作家对底层劳动人民生存状况的关注和同情吧！

2.（2021·浙江温州·中考真题）以下是"人与自然"专题阅读时摘录的句子，选择与其对应的作品。

①野地里蕴含着这个世界的救赎。（　　　　）

②人们恰恰很难辨认自己创造出来的魔鬼。（　　　　）

③你们探索的是死，我探索的是生。（　　　　）

A.《昆虫记》　　　　B.《沙乡年鉴》　　　　C.《寂静的春天》

3.（2022·四川内江·中考真题）鲁迅称《昆虫记》是"一部很有趣，也很有益的书"。它行文活泼，语言诙谐，还常常以拟人的手法表现昆虫世界，读来兴趣盎然。请你回顾书中内容，任选两种昆虫，说说作者是怎样用拟人的修辞手法突出它们的特征的。

＿＿＿＿＿＿＿＿＿＿＿＿＿＿＿＿＿＿＿＿＿＿＿＿＿＿＿＿＿＿＿

＿＿＿＿＿＿＿＿＿＿＿＿＿＿＿＿＿＿＿＿＿＿＿＿＿＿＿＿＿＿＿

4.（2021·江苏扬州·中考真题）《昆虫记》既有科学性，又有文学性。请根据下面选段，简要分析。

蜜蜂来了，它心平气和……不一会儿，它就沉浸在采蜜的工作中了。潜伏在花下窥伺的强盗——蟹蛛，便从隐藏之处现身，它绕到忙碌的蜜蜂身后，偷偷向它接近，然后猛冲上去突然咬住它的脑后根……这一咬瞬间致命，因为它破坏了蜜蜂颈部的神经节。不多时，可怜的小蜜蜂便蹬着腿死去了。这时，凶手便舒舒服服地吸起受害者的血来。

_____

_____

5.（2022·广东广州·中考真题）下面是某同学以"多样的生物"为专题做的阅读积累，请你根据提示补充表格。

书名		笔记	
①《_____》	奇妙的草木	何首乌藤和木莲藤缠络着，木莲有莲房一般的果实，何首乌有拥肿（现在写作"臃肿"）的根。	摘抄
②《_____》	有趣的鱼儿	有海蛙鱼，动作滑稽，难怪得了个"小丑"的外号；有长着长触须的黑喋鱼；有皮上起皱、满身是细条带子的鳞豚……	
《昆虫记》	神奇的昆虫	圣甲虫是③_____。自己的食物可以是沾满草梗的粗糙面包，但孩子的食物必须精细加工。多么细腻无私的爱啊！	批注
		隧蜂是谦让的君子。当两只隧蜂在洞口相遇时，要进去的便稍往后退，让要出的先出来。这种礼让的行为真值得我们学习呢！	
		蝉是能干的建筑师。④_____ _____	

6.（2022·湖北江汉油田、潜江、天门、仙桃·中考真题）

我在一个大玻璃瓶里面放上一些草，把捉到的几只萤火虫和几只蜗牛也放了进去。蜗牛个头儿正合适，不大不小，正在等待变形，正符合萤火虫的口味。我寸步不离地监视着玻璃瓶中的情况，因为萤火虫攻击猎物是瞬间的事情，不高度集中精力，必然会错过观察的机会。我终于发现是什么情况了。萤火虫稍微探了探捕猎对象。蜗牛通常是全身藏于壳内，只有外套膜的软肉露出一点点在壳的外面。萤火虫见状，便立刻打开它那极其简单、用放大镜才能看到的工具，这是两片呈钩状的颚，锋利无比，细若发丝。用显微镜观察，可见弯钩上有一道细细的小槽沟。这就是它的工具。它用它的这种外科手术器械不停地轻轻击打蜗牛的外膜，其动作不像是在施以手术，而像是在与猎物亲吻。用孩子们的话来说，它像是与蜗牛"拉钩"。它在"拉钩"时，有条不紊，不慌不忙，每拉一次，都要稍事休息，似乎是在观察"拉钩"的效果如何。它"拉钩"的次数并不多，顶多五六次，就足以把猎物给制服，使之动弹不得。然后，它就要动嘴进食了，它很可能也是要用弯钩去啄，因为我几次都未观察清楚，所以对这一点我说不太准。总之，萤火虫在实施麻醉手术时，动作麻利，立竿见影，快如闪电，不用问，它利用带细槽的弯钩已经把毒液注入蜗牛体内，使之昏死过去。

你班开展《昆虫记》阅读分享活动，请你参与：

(1) 阅读选文，梳理萤火虫捕食蜗牛的过程，完成复述提纲。

① _____ →打开工具→② _____ →观察效果→动嘴进食

(2) 请你选其中一种昆虫，照示例为其拟写绰号，并简述理由。

①螳螂　　②红蚂蚁　　③大头黑布甲

昆虫：萤火虫　　绰号：麻醉专家

理由：萤火虫对蜗牛施行麻醉手术时，动作麻利，立竿见影。

_____

_____

_____

(3) 通过阅读探究，你们小组发现《昆虫记》和《西游记》都很有"趣"。请结合作品，分享你们的发现。

_____

_____

_____

7. (2021·四川宜宾·中考真题) 鲁迅评价法国昆虫学家法布尔的科学巨著《昆虫记》是"一部很有趣，也很有益的书"。请结合自己的阅读

体验，简述这本书在"有趣、有益"方面的特点。（限60字内）

_____

_____

_____

三、现代文阅读

（一）（2019·江苏连云港·语文真题）阅读《昆虫记》节选，完成下列小题。

①蝉是非常喜欢唱歌的。它翼后的空腔里带有一种像钹一样的乐器。它还不满足，还要在胸部安置一种响板，以增加声音的强度。因为有这种巨大的响板，使得生命器官都无处安置，只得把它们压紧到身体最小的角落里。当然了，要热心委身于音乐，那么只有缩小内部的器官，来安置乐器了。

②但是不幸得很，它这样喜欢的音乐，对于别人，却完全不能引起兴趣。就是我也还没有发现它唱歌的目的。通常的猜想以为它是在叫喊同伴，然而事实明显，这个意见是错误的。

③蝉与我比邻相守，到现在已有十五年了，每个夏天差不多有两个月之久，它们总不离我的视线，而歌声也不离我的耳畔。我通常都看见它们在梧桐树的柔枝上，排成一列，歌唱者和它的伴侣比肩而坐。吸管插到树皮里，动也不动地狂饮，夕阳西下，它们就沿着树枝用慢而且稳的脚步，寻找温暖的地方。无论在饮水或行动时，它们从未停止过歌唱。

④所以这样看起来，它们并不是叫喊同伴，你想想看，如果你的同伴在你面前，你大概不会费掉整月的工夫叫喊他们吧！

⑤其实，照我想，便是蝉自己也听不见所唱的歌曲。不过是想用这种强硬的方法，强迫他人去听而已。

⑥它有非常清晰的视觉，只要看到有谁跑来，它会立刻停止歌唱，悄然飞去。然而喧哗却不足以惊扰它。你尽管站在它的背后讲话，吹哨子、拍手、撞石子，这镇静的蝉却仍然继续发声，好像没事儿人一样。

⑦有一回，我借来两支乡下人办喜事用的土铳，里面装满火药，将它放在门外的梧桐树下。我们很小心地把窗打开，以防玻璃被震破。

⑧我们六个人等在下面，热心倾听头顶上的乐队会受到什么影响。"砰！"枪放出去，声如霹雳。

⑨一点儿没有受到影响，它仍然继续歌唱。它既没有表现出一点儿惊慌扰乱之状，声音的质与量也没有一点儿轻微的改变。第二枪和第一枪一样，也没有发生影响。

⑩我想，经过这次试验，我们可以确定，蝉是听不见的，好像一个极聋的聋子，它对自己所发的声音是一点也感觉不到的！

（有删改）

1. 蝉的歌唱源于它怎样的身体构造？

_____

_____

2. 第③段画线句子语言有什么特色，请略作分析。

_____

_____

3. 第⑦至⑩自然段，写了什么事？从中可以看出作者具有怎样的治学态度？

_____

_____

4. "垂緌饮清露，流响出疏桐。居高声自远，非是藉秋风。"虞世南的《蝉》和法布尔的《蝉》都写了蝉鸣，其用意有何不同？

_____

_____

（二）（2019·湖北恩施·语文真题）阅读名著《昆虫记》选段，完成下面小题。

①一看见罩壁上傻乎乎靠近的大蝗虫，螳螂痉挛似的一颤，突然摆出吓人的姿态。电流击打也不会产生这么快的效应的。那转变是如此突然，样子是如此吓人，以致一个没有经验的的观察者会立即犹豫起来，把手缩回来，生怕发生意外。即使像我这么已习以为常的人，如果心不在焉的话，遇此情况也不免吓一大跳。

②鞘翅随即张开，斜拖在两侧；双翼整个展开来，似两张平行的船帆立着，宛如脊背上竖起阔大的鸡冠；腹端蜷成曲棍状，先翘起来，然后放下，再突然一抖，放松下来，随即发出噗噗的声响，宛如火鸡展屏时发出的声音一般，也像是突然受惊的游蛇吐芯儿时的声响。

③身子傲岸地支在四条后腿上，上身几乎呈垂直状。原先收缩相互贴在胸前的劫持爪，现在完全张开。呈十字形挺出，露出装点着排排珍珠粒的腋窝，中间还露出一个白心黑圆点。这黑的圆点恍如孔雀尾羽上的斑点，再加上那些纤细凸纹，是它战斗时的法宝，平时是密藏着的，只是在打斗时为了显得凶恶可怕，盛气凌人，才展露出来。

④螳螂以这种奇特姿态一动不动地待着，目光死死地盯住大蝗虫，对方移动，它的脑袋也跟着稍稍转动。这种架势的目的是显而易见的：螳螂是想震慑、吓瘫强壮的猎物，如果后者没被吓破了胆的话，后果将不堪设想。

⑤它成功了吗？谁也搞不清楚蝗虫那长脸后面在想些什么，它那麻木的面罩上没有任何的惊恐呈现在我们的眼前。但是，可以肯定被威胁者是知道危险的存在的。它看见自己面前挺立着一个怪物，高举着双钩，准备扑下来；它感到自己面对着死亡，但还来得及时它却并没有逃走。它本是个长腿的蹦跳者，善于高跳，轻而易举地就能跳出对方利爪的范围，可它却偏偏蠢乎乎地待在原地，甚至还慢慢地向对方靠近。

⑥据说，小鸟见到蛇张开的大嘴会吓瘫，看见蛇的凶狠目光会动弹不得，任由对方吞食。许多时候，蝗虫差不多也是这么一种状态。现在它已落入对方威慑的范围。螳螂将两只大弯钩猛压下来，爪子一抓，双锯合拢，夹紧。不幸的蝗虫已无还手之力：它的大颚咬不着螳螂，后腿只是胡乱地蹬踢。它的小命休矣。螳螂收起它的战旗——翅膀，复现常态，开始美餐。

（有删改）

1. 选文中螳螂在捕食时表现出哪些特征？请简要概括。

_____

_____

_____

2. 选文是一篇文艺性说明文，在说明中兼用文学的笔法。请具体分析第②段中画线句的修辞手法及作用。

_____

_____

_____

3. 阅读了《昆虫记》全书，你认为法布尔的科学精神主要体现在哪些方面？

_____

_____

（三）（2015·新疆维吾尔自治区·中考真题）阅读下文，完成下题。

狼蛛的猎食

①我在实验室的泥盆里，养了好几只狼蛛。从它们那里，我看到狼蛛猎食时的详细情形。这些做了我的俘虏的狼蛛的确很健壮。它们的身体藏在洞里，脑袋探出洞口，玻璃般的眼睛向四周张望，腿缩在一起，做着准备跳跃的姿势，它就这样在阳光下静静地守候着，一两个小时，不知不觉就过去了。

②如果它看到一只可作猎物的昆虫在旁边经过，它就会像箭一般地跳出来，狠狠地用它的毒牙打在猎物的头部，然后露出满意又快乐的神情，那些倒霉的蝗虫、蜻蜓和其他许多昆虫还没有明白过来是怎么回事，就做了它的盘中美餐。它拖着猎物很快地回到洞里，也许它觉得在自己家里用餐比较舒适吧。它的技巧以及敏捷的身手令人叹为观止。

③如果猎物离它不太远，它纵身一跃就可以扑到，很少有失手的时候。但如果猎物在很远的地方，它就会放弃，决不会特意跑出来穷追不舍。看来它不是一个 A_____（贪心大，老不满足）的家伙，不会落得一个"鸟为食亡"的下场。从这一点可以看出狼蛛是很有耐性，也很有理性的。因为在洞里没有任何帮助它猎食的设备，它必须始终傻傻地守候着。如果是没有恒心和耐心的虫子，一定不会这样 B_____（长久地坚持下去），肯定没多久就退回到洞里去睡大觉了。可狼蛛不是这种昆虫。它确信，猎物今天不来，明天一定会来；明天不来，将来也总有一天会来。在这块土地上，蝗虫、蜻蜓之类多得很，并且它们又总是那么不谨慎，总有机会刚好跳到狼蛛近旁。所以狼蛛只需等待时候一到，它就立刻蹿上去捉住猎物，将其杀死。或是当场吃掉，或者拖回去以后吃。

④虽然狼蛛很多时候都是"等而无获"，但它的确不大会受到饥饿的威胁，因为它有一个能节制的胃。它可以在很长一段时间内不吃东西而不感到饥饿。比如我那实验室里的狼蛛，有时候我会连续一个星期忘了

喂食，但它们看上去照样气色很好。在饿了很长一段时间后，它们并不见得憔悴，只是变得极其贪婪，就像狼一样。

⑤在狼蛛还年幼的时候，它还没有一个藏身的洞，不能躲在洞里"守洞待虫"，不过它有另外一种觅食的方法。那时它也有一个灰色的身体，像别的大狼蛛一样，就是没有黑绒腰裙——那个要到结婚年龄时才能拥有。它在草丛里徘徊着，这是真正的打猎。当小狼蛛看到一种它想吃的猎物，就冲过去蛮横地把它赶出巢，然后紧追不舍，那亡命者正预备起飞逃走，可是往往来不及了——小狼蛛已经扑上去把它逮住了。

⑥我喜欢欣赏我那实验室里的小狼蛛捕捉苍蝇时那种敏捷的动作。苍蝇虽然常常歇在两寸高的草上，可是只要狼蛛猛然一跃，就能把它捉住。猫捉老鼠都没有那么敏捷。

⑦但是这只是狼蛛小时候的故事，因为它们身体比较轻巧，行动不受任何限制，可以随心所欲。以后它们要带着卵跑，不能任意地东跳西窜了。所以它就先替自己挖个洞，整天在洞口守候着，这便是成年蜘蛛的猎食方式。

1. 请在选文第③段 A、B 两处添上合适的成语。

A. _____ B. _____

2. 指出①⑤⑥段中画线句子使用的说明方法，并说明其作用。

(1) ① _____

(2) ⑤ _____

(3) ⑥ _____

3. 第⑦段中加点的"任何"能否去掉，为什么？

_____

_____

4. 结合选文，说说狼蛛"就像狼一样"的特点有哪些。

_____

_____

参考答案

一轮　基础巩固

一、1. 法　法布尔　蝉　螳螂　切叶蜂　2. 小甲虫　小麻雀　3. (1) B　(2) C　(3) A
4. 杏叶　蟹蛛　不会迷失的精灵　5. 蜜蜂　蚂蚁　6. ①C ②D ③A ④B　7. 鲁迅　法　罗
曼·罗兰

二、1. B　2. D　3. B　4. C　5. B　6. A　7. AE

三、1. (1) 示例：《昆虫记》是法国杰出昆虫学家法布尔的传世佳作，亦是一部不朽的著作，
不仅是一部文学巨著，也是一部科学百科。

(2) 示例：蝉　特点：为快乐而放声高歌，是永远不知疲倦的歌唱家，在地下"潜伏"四年，
才能钻出地面，在阳光下活五个星期。　蟋蟀　特点：善于建造巢穴，"管理家务"。螳螂　特
点：善于利用"心理战术"制服敌人。　杨柳天牛　特点：像个吝啬鬼，身穿一件似乎"缺了布
料"的短身燕尾服。

2. (1) 法　法布尔　昆虫的史诗　(2) A. 螳螂　B. 蟋蟀　(3) 示例：《昆虫记》是法国杰
出昆虫学家法布尔的传世佳作，亦是一部不朽的著作，不仅是一部文学巨著，也是一部科学百
科。法布尔运用野外观察和实验的方法来研究昆虫的本能和习性，关注的是昆虫活生生的生命过
程，处处洋溢着对生命的尊重，对自然万物的赞美。它熔作者毕生研究成果和人生感悟于一炉，
以人性观照虫性，将昆虫世界化作供人类获得知识、趣味、美感和思想的美文。它行文活泼，语
言诙谐，充满了盎然的情趣和诗意，被誉为"昆虫的史诗"。

3. (1) D　(2) C　示例：实证是科学研究的重要方法，流程图从提出假设，到通过反复实
验获取数据，最终证明假设成立。这是一个严密的科学研究过程，反映了严谨求实的科学精神。
(3) 示例：①小昆虫的命运和大世界的命运密切相关，保护昆虫就是保护人类的未来。②我们从
小就要接受环保教育和生命教育，要从我做起，从小事做起。③感受人类的生存危机，对人类文
明的破坏性有一定的认识，不要让过度的物质追求破坏自然环境。④从《昆虫记》中了解到昆虫

的种类很多，昆虫的世界有很多丰富有趣的现象，和人类的世界一样精彩。

四、（一）1.（1）被关在树干里的成虫能否给自己挖出一条逃生通道？ （2）①把橡木劈成两半，挖出大小合适的坑。把成虫放进去，再把两半木头合起来，用铁丝固定。②只有少数逃了出来。（3）幼虫预知成虫无法在橡树中挖出通道，于是冒着生命危险准备好逃生通道。

2.［A］句：观察细致。

［B］句：反复实验，求真务实。

［C］句：不畏艰难，不怕失败，坚持不懈，长期观察。

［D］句：对昆虫充满热爱，十分熟悉昆虫的习性、特点。观察耐心而细致。

［E］句：对昆虫充满好奇，并勇于探索。

3. 列数字，具体准确的数字说明了蛹室的宽大，体现了法布尔细致严谨、一丝不苟的科学精神。

4. 示例：①《蝉》：四年黑暗中的苦工，五个星期阳光下的享乐，让作者感慨：欢愉来之不易，值得歌颂。 ②《负葬甲》：负葬甲起初一片和睦，最终却以同类相食收场，让作者感慨：劳动赋予生命平和的美德，而懒惰使它们染上了堕落的恶习。

（二）1. 安全，舒适（宽敞），稳固。

2. 不能，因为"最多"指最大限度，表示程度限制，用在原文是指这个隐蔽的隧道最深处不超过九寸（不是很深），"最多"一词体现了语言的准确性。去掉后就变成这个隧道深九寸，不符合实际，语言不准确。

3. 不能，第⑤段主要介绍狐狸、獾猪和兔子的洞穴，与蟋蟀的居所作比较，突出蟋蟀的建筑技艺高超（聪明，更会选址）。

（三）1. B

2.（1）这句歌词描绘了夫妻二人一起为成家立业合作努力的美好画面。作者引用这句歌词生动有趣地再现了两只圣甲虫一前一后合力搬运粪球亲密合作的样子。这样的联想触发了作者对圣甲虫彼此真实关系探究的兴趣，并通过解剖得出科学的结论。

（2）这里的"井"指蝉为吸取树的汁液而在树皮上钻的孔。"井栏"指蝉用来钻孔的树枝。

3."热心"的圣甲虫与同伴合伙劳动，看似像一对夫妻，其实意在打劫；这个结论的得出呈现出作者观察研究的过程；通过层层推理，丰富了内容，形成情节的起伏跌宕，富有趣味。

二轮 提升拓展

一、1. ②D ③A ④B 2. 塔蓝图拉毒蛛 绿色蝈蝈 3. A C 4. 法布尔 野外观察 科学 文学 5. 绿蚱蜢 雄蚱蜢向雌蚱蜢求爱

二、1. D 2. B 3. B 4. A 5. A 6. C 7. C 8. A 9. D 10. A 11. D 12. C

三、1. ①示例：《红星照耀中国》这本书给我印象最深的内容是红军战士坚忍不拔的意志和毅力，视死如归的精神。其中夏明翰的故事给我留下的印象最深。1921 年，夏明翰成为共产党员，1928 年因叛徒出卖不幸被捕。夏明翰写下了那首著名的起义诗：砍头不要紧，只要主义真。杀了夏明翰，还有后来人！从这个故事中，我知道了红军战士们以他们的生命和鲜血，谱写了一曲曲胜利的凯歌，为和平盛世立下了不朽功绩。

②示例：《昆虫记》给我印象最深的是对一些昆虫特殊生活习性的描写，如朗格多克雄蝎子

的忍受力。当朗格多克雄蝎子的婚礼结束时，新郎宁愿被新娘一口口咬死，也不愿用能令人瞬间毙命的武器——毒针，去伤它的新娘。这还让我想起新婚的螳螂，有的甚至已经被吃了半身，但还是任由新娘继续蚕食着它剩余的部分，毫无反抗意识。可见，自然界的昆虫是多么有趣，让我们增长见识。

2. (1) ①法　②科普

(2) 示例：点滴感悟：大孔雀蝶——美丽的舞者，你总是受爱情的召唤而来。

灵感来源：大孔雀蝶拥有美丽的外表，全身红棕色，一生中唯一的目的就是找配偶。它们不管路途多么遥远，路上怎样黑暗，遇到多少障碍，总能找到配偶。

四、(一) 1. C　2. (1) 圆柱体顶端显现出一个微型环状垫圈　(2) 半透明的卵壳内出现小动物身体的细小分节　(3) 微型垫圈变成强度甚低的条纹　3. 示例："监视"是严密注视蟋蟀产卵的全过程，而"察看"是细看，可以是偶尔的、短时间的。"监视"比"察看"能更好地突出科学观察需要耐心、细致、高度警觉，所以用"监视"更为准确。

(二) 1. (1) 示例：我喜欢躺着等别人来照顾，我不善于哺育儿女，不会寻找食物，不料理家务。我喜欢偷别人的孩子来伺候自己的家族，尤其爱抢黑蚂蚁的蛹。我出门来回一条道，辨别方位靠视觉，还有超强的记忆力。(2) 我懒惰，霸道，爱偷东西，记忆力强，有团队精神，面对陌生事物胆子比较小，比较古板。(任答两点)　2. B　3. 示例：贾博士，你应该学人家法布尔，他研究我们小昆虫是先有质疑，接着大胆假设，然后根据需要坚持实地观察和反复试验，并加以推理求证，最后得出结论。法布尔自始至终尊重我们的生命，从来都不曾伤害我们，对我们充满关爱。

(三) 1. 发光器官　光的颜色和亮度　2. 不能删去。"理想的"修饰"效果"，指的是人们用燃烧涂层的发光物质来化验其元素的方法有一些效果，但不理想。如果删去，句子意思就成了"没有收到任何效果"，表达就不准确了，体现了说明文语言的准确性和严谨性。3. 示例1：我认为"囊萤"能够读书。萤火虫的光能够用来看清不多的文字，车胤利用较多的萤火虫，在书本上方移动，就可以读书。示例2：我认为"囊萤"不能读书。萤火虫的光不具备较强的照射能力，只能看清很小的范围，其他东西就什么也看不见，不便于读书。4. 示例：①《萤火虫》一文运用了拟人的修辞手法，把萤火虫人格化，使表达生动形象；链接材料只是平实的介绍。②《萤火虫》一文运用打比方的说明方法，用油灯的机理说明萤火虫光度强弱变化的原理；链接材料只是科学严谨地介绍其发光原理。③《萤火虫》一文语言朴实自然，通俗易懂；链接材料却使用了较多的专业词汇。由此可见，"还是法布尔写得更有意思"是有道理的。

三轮　真题演练

一、1. C　2. C　3. D　4. A　5. C　6. A　7. B　8. B　9. C　10. C　11. C

二、1. 朝花夕拾　法布尔　祥子　2. ①B　②C　③A

3. 示例：杨柳天牛像个吝啬鬼，身穿一件似乎"缺了布料"的短身燕尾礼服；小甲虫"为它的后代做出无私的奉献，为儿女操碎了心"；被毒蜘蛛咬伤的小麻雀"愉快地进食，如果我们喂食的动作慢了，它甚至会像婴儿般哭闹"。(其他答案言之成理也可)

4. 示例：运用比喻、拟人等修辞手法，生动形象，使作品文学色彩浓厚；用词准确贴切，真实地再现昆虫的生活场景，富有科学性。5. ①朝花夕拾　②海底两万里　③慈爱的家长　④因为它在地底下时把地下宫殿建造得好。

6.（1）①察探蜗牛　②击打外膜　（2）示例：昆虫：螳螂　绰号：刽子手　理由：螳螂是肉食性动物，加上有两把大刀，它甚至敢捕捉比自己体型还大的动物。（3）示例：在法布尔的笔下，杨柳天牛像个"吝啬鬼"，小甲虫"为它的后代做出了无私的奉献，为儿女操碎了心"，这些小昆虫在他笔下有了感情，行文生动活泼，语调轻松诙谐，充满了盎然的情趣；《西游记》将现实中各种动物的特征融入到神魔仙怪身上，使文章趣味十足，如"猴妖"孙悟空、"猪妖"猪八戒、牛魔王、蜘蛛精、蝎子精等。

7.示例：①有趣：作者将昆虫的多彩生活与自己的人生感悟融为一体，用人性去看待昆虫。详细、深刻地描绘了各种昆虫的外部形态和生物习性，记录了各种昆虫的生活以及它们为繁衍种族所进行的斗争等内容，十分有趣。②有益：《昆虫记》以其瑰丽丰富的内涵，唤起人们对万物、对人类、对科普的深刻省思，激发起人们的科学探究精神。

三、（一）1.示例：它翼后的空腔里带有一种像钹一样的乐器；胸部安置一种响板，以增加声音的强度。2.示例：行文生动活泼，语调轻松诙谐。用拟人的修辞手法，通过比肩而坐、狂饮树汁、慢步行走等动作（细节），生动地描写了蝉的生活习性。3.示例：作者用土铳的枪声对蝉的听觉进行测试，结果证明蝉是没有听觉的。作者勇于实践和探究，具有严谨的治学态度。4.示例：虞世南的《蝉》，以蝉喻人，旨在借蝉抒怀：品格高洁者，不需借助外力，自能声名远播。法布尔的《蝉》旨在探究科学奥秘：观察探究蝉的身体构造和歌唱的特点，通过试验证明蝉是感受不到声音的。

（二）1.示例：①震慑对方，凶恶可怕，盛气凌人；②出击迅猛，干净利落，一气呵成。2.比喻，把螳螂展开的"双翼"比作"船帆"和"鸡冠"，生动形象地写出了螳螂双翼展开后的特点。3.示例：①充满好奇，勇于探索；②注重观察和实验；③以平等和尊重的态度来研究生物。

（三）1.A.贪得无厌　B.持之以恒　2.示例：①摹状貌。生动形象地说明了狼蛛的外貌特征。⑤打比方。把狼蛛比喻成人，形象风趣，增加说明的趣味性。⑥作比较。把狼蛛和猫相比较，突出强调了狼蛛捕食动作敏捷的特点。3.不能。"任何"一词从范围上加以限制，强调小狼蛛捕食随心所欲，体现了说明文语言的准确性与科学性。4.示例：①捕食动作敏捷；②对猎物蛮横凶狠；③饥饿时极其贪婪。